Einen Geflügelstall bauen

Mary Roberts Conover

Writat

Diese Ausgabe erschien im Jahr 2023

ISBN: 9789359250403

Herausgegeben von
Writat
E-Mail: info@writat.com

Inhalt

EINFÜHRUNG

ZU schließen und von einem Haus auf dem Land mit seinen Rasenflächen, seinen Gärten, seinen Blumen, seinem Vogelgezwitscher und seinem Bienengesang zu träumen, beweist die Sentimentalität im Menschen, aber derjenige ist nicht praktisch, der das Gekicher nicht in den Bereich der Fantasie rufen kann der Henne.

Nachdem man ihr einen legitimen Platz im Schema des Landhauses zugestanden hat, ist eine gute Unterbringung von größter Bedeutung, und in dieser Hinsicht macht man leicht Fehler. Nur wenige würden sich eine klapprige Hütte als Zuhause für die Herde vorstellen, aber viele von uns würden unsere hochgeschätzten Vögel zwar nicht in eine luftdichte Box stecken, sie aber so überhäufen, dass sie schwächer werden, anstatt von unserer Fürsorge zu profitieren.

Dass sich der Geflügelstall noch in einem Entwicklungsstadium befindet, müssen alle zugeben, aber niemand kann leugnen, dass große Fortschritte gemacht wurden, seit das einst vernachlässigte Haushuhn als ein sehr verständliches und reaktionsfähiges Geschöpf bekannt geworden ist, mit dem man umgehen muss vernünftige Gründe.

Nur dieser Geflügelstall ist ein guter Unterschlupf, der im Winter so viel Wärme wie möglich speichert und dennoch reichlich frische Luft zulässt; das Sonnenlicht hereinlässt und dennoch im Sommer kühl ist. Ein solches Gebäude darf keine andere Unterkunft als Geflügel bieten und muss im Einklang mit dem wirtschaftlichen Wert seiner Bewohner gebaut werden. Kurz gesagt, die Struktur muss so konstruiert sein, dass sie vor Zugluft, Feuchtigkeit, Krankheiten und Ungeziefer schützt, um ein profitables Ergebnis zu gewährleisten. Ein Höchstmaß an Komfort bei minimalem Risiko sorgt für gesundes Geflügel.

Der Standort des Geflügelstalls hat einen wichtigen Einfluss auf den Stil des Gebäudes. Es ist besser, das Gebäude dort zu errichten, wo das Gelände von ihm weg abfällt, als zu ihm hin. Kürzlich wurde ein großer und langlebiger Geflügelstall gebaut, der später von seinen Besitzern als feucht eingestuft wurde. Das Gelände neigte sich leicht zum Gebäude hin, reichte jedoch aus, um das gesamte Oberflächenwasser dorthin zu leiten, sodass der Erdboden bei nassem Wetter stets feucht war. Wenn kein anderer Standort gesichert werden kann, ist es besser, das Gebäude auf Pfosten zu errichten statt auf dem gewöhnlichen Fundament. Wenn man genug Platz hat, um die Art des Bodens zu berücksichtigen, ist Sand am besten, da er schnell trocknet und die Laufwege – man kann sich das Gebäude kaum vorstellen, ohne Laufwege zu sein – viel sauberer gehalten werden können.

Ein Windschutz auf der kalten Seite des Gebäudes ist ein entscheidender Vorteil – eine Mauer, eine immergrüne Hecke, ein Hain oder andere Gebäude schützen den Geflügelstall und möglicherweise auch einen Teil der Ausläufe mit Vorteil zum Geflügel.

Da die Größe der Familienherde zwischen einem halben Dutzend und fünfzig bis fünfundsiebzig Hühnern liegen kann, müssen die Größe des Gebäudes und sogar sein Stil den eigenen Bedürfnissen entsprechend variieren. Ein kleiner, fast quadratischer Stall bietet vielleicht Platz für Ihre acht- oder zehnköpfige Herde, aber die größere Herde benötigt einen längeren und höheren Stall mit besserer Belüftung.

Durch die Belüftung mittels Planen- oder Sackleinenvorhängen ist das Problem der Frischluftzufuhr so stark vereinfacht worden, dass weniger Bauraum benötigt wird, wenn nur Schlafräume vorgesehen sind. Daher hängt der benötigte Stallraum für Hühner von der Art der Belüftung ab.

Dass ein großes Gebäude ohne direkte Belüftung für Vögel nicht so gesund ist wie ein kleines Haus, das direkt frische Luft zulässt, wurde in den letzten beiden Wintern an einem Vogelschwarm bewiesen. Im vergangenen Winter wurden 75 Hühner in einem großen Gebäude neben einem Stall gehalten. Die Mauern waren dick, der Ort war sehr hoch und geräumig. Die Belüftung erfolgte über einen Dachboden. Die Unterkünfte wurden sauber gehalten und alle bekannten Gesundheitsregeln wurden eingehalten. In den Türrahmen war eine Glastür eingebaut, die einen kleinen Teil des Bodens mit Sonnenlicht versorgte. Keinem Huhn war es erlaubt, seinen schönen Fuß auf den kalten, verschneiten Boden zu setzen. Die Vögel erkrankten zu Beginn des Winters an katarrhalischen Beschwerden und befanden sich bis zum Frühjahr in einem aussichtslosen Zustand. Im letzten Winter wurden die mittlerweile vierzig Vögel in einem sieben mal zwölf Zoll großen Gebäude mit einer Höhe von sieben Fuß und zwei Fenstern an der Vorderseite untergebracht, die jeweils 34 Zoll breit und 21 Zoll hoch waren und einen Fuß unter der Traufe angebracht waren , und einen Fuß von den Seiten. Durch einen Segeltuchvorhang in einem Fenster kam frische Luft; der andere hatte eine Glasflügel. Die Vögel haben den Winter in bester Verfassung überstanden. Dieses Gebäude hätte die ursprüngliche Nummer gehabt, aber in diesem Fall wäre der Sackleinenvorhang auch im anderen Fenster verwendet worden.

Das Zusammenhalten der jungen Küken muss als etwas besonderes Problem betrachtet werden, bis sie alt genug sind, um mit den anderen Hühnern um ihre Rechte zu kämpfen.

Wasserdichte Dächer, Wände und Böden sind für das Leben und die Gesundheit der Vögel von entscheidender Bedeutung.

SPEZIFISCHE VORSCHLÄGE FÜR HÄUSER

WÄHREND kein Hühnerstalltyp alle Bedingungen für alle Standorte erfüllen kann, kann nahezu jedes gute Modell an nahezu jeden Standort angepasst werden oder zumindest anpassungsfähige Merkmale vorschlagen.

Die Beschreibungen der Häuser, die wie hier angepasst wurden, können leicht auf andere Modifikationen hinweisen.

Ein acht mal siebzehn Fuß großes Haus sollte ausreichend Schlaf- und Nistplatz für eine Herde von dreißig oder vierzig Hühnern bieten. Eine vom Autor verwendete ist sieben Fuß breit, fünfzehn Fuß lang und zehn Fuß hoch von der Spitze bis zum Boden und ist im Frühling, Sommer und Herbst zufriedenstellend. Im Winter ist jedoch ein gleichgroßer Scharrstall wünschenswert. Es muss nicht höher als einen Meter sein. Es sollte an den Hühnerstall angrenzen und ein Teil seines Daches sollte beweglich sein, um einen Einstreuwechsel zu ermöglichen. Das Sonnenlicht sollte durch Glas ungehindert in diesen eindringen können.

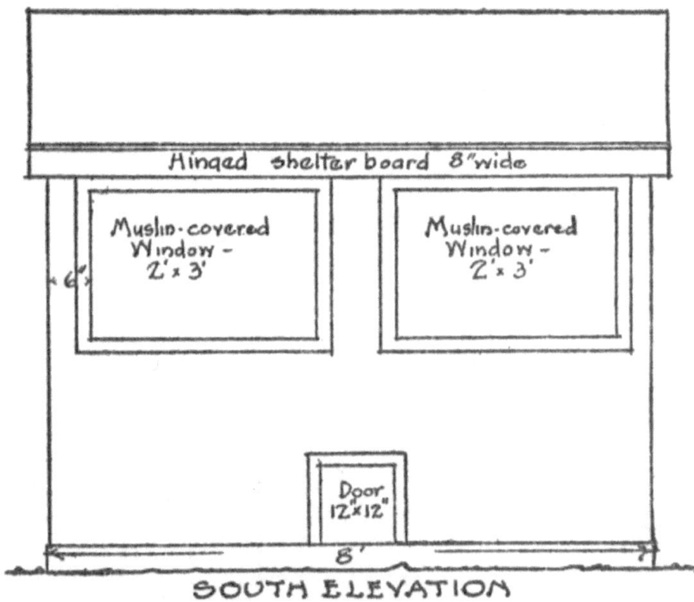

Die Vorderseite eines Hauses, das einem Dutzend Vögeln ausreichend Unterschlupf bietet

Ein kleiner Hühnerstall, der Platz für ein Dutzend Hühner bietet und dort eingesetzt werden kann, wo man wenig Platz hat oder gerade erst mit der Geflügelhaltung beginnt, ist 2,40 m lang und 1,80 m tief. Es hat ein Satteldach und ist von der Unterkante des Daches bis zum Fundament fünfeinhalb Fuß und von der Spitze bis zum Fundament sieben Fuß hoch. Die Traufe ragt vier Zoll vor, aber an der Unterkante der Traufe ist vorne ein acht Zoll breites Brett angelenkt. An sonnigen Tagen wird es nach hinten geschwenkt und an der Seite des Gebäudes befestigt. Bei Regenwetter wird es jedoch nach außen geschwenkt, wodurch das Dach um 20 cm verlängert wird, um zu verhindern, dass der Regen in die mit Musselin bedeckten Fenster darunter prasselt. In dieser Position wird es durch Klammern an beiden Enden gehalten, die mit Scharnieren am Gebäude befestigt sind, und kann bei Nichtgebrauch gegen das Gebäude zurückgedreht werden.

Zwei Fenster, zwei Fuß hoch und drei Fuß breit, sind vorne angebracht, sechs Zoll von jeder Seite, 34 Zoll über dem Boden und 20 Zoll unter der Traufe. An den Fenstern sind mit Sackleinen bespannte Rahmen angebracht, die bei Bedarf nach innen schwenken und mit Haken am Dach des Gebäudes befestigt werden können.

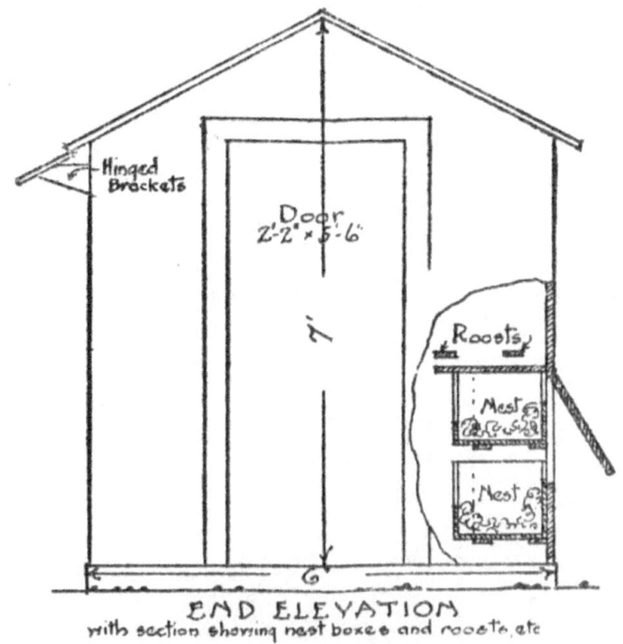

Die Tür kann sich an beiden Enden des Gebäudes befinden und muss zugfest sein

Das Gebäude verfügt über ein Ziegelfundament und einen Betonboden, der sechs Zoll höher ist als die umgebende Erdoberfläche und auf gleicher Höhe mit der Oberseite des Fundaments liegt. Hinten befinden sich Nester unter den Schlafplätzen. Diese sind 14 Zoll lang, 12 Zoll hoch und 11 Zoll breit. In der unteren Reihe sind sieben abwechselnd in Längs- und Querrichtung angeordnet, in der oberen Reihe sind es sechs. Die unteren

Nester sind improvisiert aus Kisten, die man beim Lebensmittelhändler für fünf Cent pro Stück gekauft hat, und stehen auf einem Skelettregal, das 10 cm über dem Boden liegt. Die oberen Nester stehen ebenfalls auf einem Skelettregal 3 Zoll über der ersten Etage. Die Seiten der Kisten sind auf eine Höhe von 5 Zoll abgeschnitten, um den Hühnern den Zugang zu den Nestern zu ermöglichen. Diese Nester sind für die Hennen von vorne zugänglich und können zum Eiersammeln durch Anheben einer Flügeltür auf der Rückseite erreicht werden; Diese Tür ist 7 Fuß lang, 18 Zoll breit und befindet sich 12 Zoll über dem Fundament an der Rückseite.

Die Schlafplätze liegen 34 Zoll über dem Boden und verlaufen der Länge nach durch das Haus. Zwei davon bieten Platz für die kleine Herde von zwölf oder fünfzehn Hühnern. Drei Zoll darunter befindet sich das Drop-Board, das von horizontalen Streben getragen wird. Es besteht aus zwei Abschnitten und lässt sich bei Bedarf herausziehen. Es ist zwanzig Zoll breit und sein äußerer Rand liegt auf gleicher Höhe mit dem ersten Schlafplatz.

Die Wände werden mit innen über die Ständer gelegtem Schalungspapier verkleidet, darüber werden Nut- und Federbretter genagelt. Die Außenseite ist mit Wetterbrettern verkleidet und das Dach ist mit Teerpappe über dicht aneinander liegenden Brettern gedeckt. Eine Tür an einem Ende, 26 Zoll breit und 5 Fuß 6 Zoll hoch, ermöglicht den Zugang zum Gebäude, und eine kleine Tür, 12 × 12 Zoll, die in Nuten gleitet, ist vorne in Bodennähe angebracht, z die Verwendung des Geflügels.

Dieser Stall kann an individuelle Vorlieben angepasst werden. zum Beispiel durch ein Satteldach.

Ein tragbares Koloniehaus mit einfachem Design, empfohlen von J. Dryden und AG Lunn in einem Bulletin der Oregon Experiment Station

Die Rückseite desselben Hauses zeigt die Erweiterungsnistkästen mit einzelnen Abdeckungen

Für den Rahmen und die Einhausung werden folgende Materialien benötigt:

Hemlocktanne oder Fichte für Fensterbänke (5 × 6 Zoll) 13	38 laufende Fuß
Hemlocktanne oder Fichte für Eckstützen und Platte zur Unterstützung der Sparren (3 × 4 Zoll)	60 laufende Fuß
Für Zwischenstützen bzw. Ständer, Eckstreben und Sparren (2 × 4)	120 laufende Fuß

Für das Dach unter der Teerpappe werden 128 Fuß 6-Zoll-Bretter oder 160 Fuß 5-Zoll-Brett benötigt; Um das Gebäude einzuschließen , sind 400 Fuß 5-Zoll-Wetterbretter erforderlich .

Für die Fenster- und Türverkleidungen werden 50 laufende Fuß geeignetes Bauholz und 30 laufende Fuß 5-Zoll-Nut-Feder-Bretter für die Tür benötigt.

Die Flügeltür im Heck besteht aus Wetterbrettern und ist innen mit Teerpapier abgedeckt.

Es werden etwa 75 Quadratmeter Teerpapier benötigt.

Für den Innenbereich werden etwa 120 Quadratfuß Beplankung benötigt.

Wenn die Umstände die Verwendung eines feuchten Standorts erfordern, muss das Gebäude so gebaut werden, dass es diese Bedingungen erfüllt.

Fundamente aus Beton, Ziegeln oder Stein erfüllen nicht die Bedingungen für einen Trockenboden, bei dem ein Standort mit schlechter Entwässerung erforderlich ist. In einem solchen Fall muss das Gebäude auf Pfosten gestellt werden. Kurze Pfosten, die nur einen Fuß hoch sind, sind kaum geeignet, denn darunter können sich Trümmer ansammeln und wilde Tiere beherbergen. Darunter sollte mindestens ein Meter Platz vorhanden sein. Pfosten aus Zedernholz im Abstand von sechs Fuß, die bis zu einer Tiefe von dreieinhalb oder vier Fuß in den Boden eingelassen sind und zunächst einen Fuß Beton in das Loch gegossen werden, sorgen für einen festen Halt.

Die Rückseite und die Seiten dieses offenen Raums können mit Brettern umschlossen werden, wobei die offene Vorderseite mit schwerem, engmaschigem verzinktem Geflügeldraht geschützt wird, um zu verhindern, dass wilde Tiere oder Geflügel darunter Zuflucht suchen. An einem sehr nassen Ort würde ich jedoch überhaupt nicht mit Brettern eingrenzen .

Der Boden eines solchen Gebäudes sollte bestehen aus: Zuerst breiten, rauen Brettern, dann Gummidächer darüber legen und an allen Stößen feuchtigkeitsbeständig befestigen, und dann schmale Bretter, die fest zusammengefügt werden. Dieser obere Bodenbelag sollte gut abgelagert und gut festgenagelt sein.

Ein Haus dieser Art, das 25 bis 35 Vögel aufnehmen kann, mit Nist-, Scharr-, Schlaf- und Sandbadmöglichkeiten ausgestattet ist, ist achteinhalb Fuß tief, zwölf Fuß lang und sechs Fuß hinten hoch und neun Fuß vorn. Es hat ein Satteldach mit Schindeln. Die Wände sind mit Doppelbrettern verkleidet, mit einer Zwischenlage aus Ummantelungspapier. An der Vorderseite befinden sich zwei Fenster, sechs Fuß hoch und dreieinhalb Fuß breit. Sie sind mit einem Doppelflügel ausgestattet, der im Sommer abgenommen werden kann. Nachts werden diese Fensterflügel von oben heruntergelassen und ein mit Sackleinen überzogener Rahmen über das gesamte Fenster gelegt, der frische Luft hereinlässt und verhindert, dass wärmere Luft durch das freiliegende Glas ins Innere strömt.

Für ein Haus an einem feuchten Standort stellen die großen Fenster eine hervorragende Möglichkeit dar, im Winter für Trockenheit zu sorgen, wenn sie tagsüber zum Durchlassen des Sonnenlichts genutzt und nachts abgedeckt werden, wie oben erläutert.

Einer der Oregon-Station-Typen, bei denen das gesamte Ende aus einem Netz
besteht, das bei kaltem Wetter mit Stoff bedeckt ist

Ein Koloniehaus auf Kufen, 7 × 12 Fuß, wie von der Oregon Experiment
Station empfohlen, zur Unterbringung von 30 bis 40 Hühnern

Ein Gebäude, das praktisch feuerfest ist, kann aus Zementblöcken für
Fundament und Wände bestehen und einen Betonboden haben, der sechs
Zoll höher ist als der Außenboden . Für die Sparren und die Decke kann
Holz verwendet werden, das Dach kann mit Metall, Ziegeln oder Asbest
gedeckt werden und die Innendecke ist verputzt.

Ein anderes Gebäude, das im Winter fünfundsiebzig bis einhundert Hühnern einen Schlaf-, Scharr- und Nistplatz bietet, wenn schlechtes Wetter eine Gefangenschaft erforderlich macht, ist zwanzig Fuß lang, zwölf Fuß tief, sechs Fuß hoch im hinteren Bereich und zehn Fuß Füße hoch vorne. Es verfügt über ein Ziegelfundament und einen Betonboden, der zehn Zoll über dem Boden an der Vorderseite des Gebäudes liegt, um ihn weit über die Bodenoberfläche an der Rückseite des Gebäudes zu bringen – das Gelände ist geneigt.

An der Vorderseite befinden sich drei Fenster, einen Fuß von den Seiten des Gebäudes, einen Fuß unter der Oberseite und einen Fuß voneinander entfernt. Sie sind fünf Fuß vier Zoll breit, dreieinhalb Fuß hoch und mit mit Sackleinen überzogenen Rahmen ausgestattet, die bei Bedarf angehoben und an der Decke befestigt werden können. Wetterbretter, Schalungspapier und schmale Bretter im Inneren bilden die Wände.

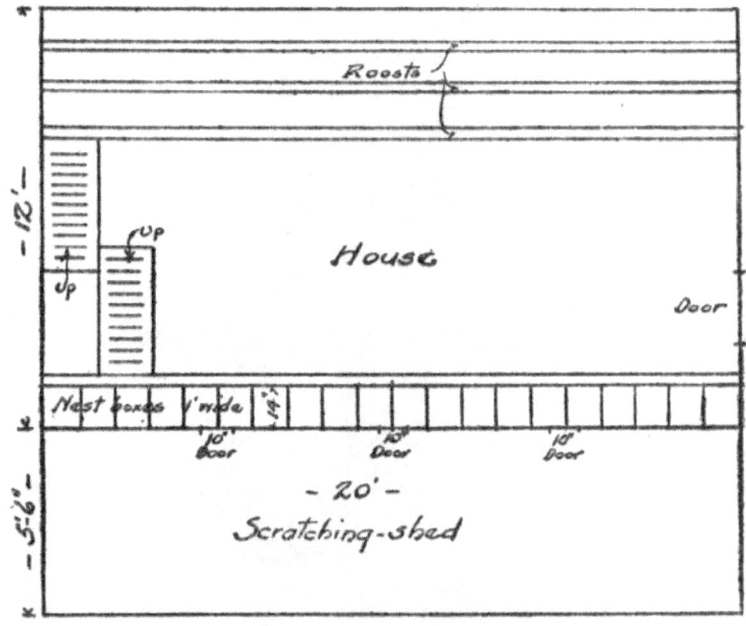

Plan eines Hauses, das fünfundsiebzig oder hundert Hühnern Schlaf-, Scharr- und Nistmöglichkeiten bietet

Direkt davor und über die gesamte Länge des Gebäudes erstreckt sich ein verglaster Wintergarten mit einer Höhe von vier Fuß und einer Breite von fünf Fuß. An einem Ende befindet sich eine Tür, die die Reinigung des Bodens ermöglicht. Der Betonboden des Hauptraums reicht bis in den Wintergarten. Drei Öffnungen, zehn Zoll breit und einen Fuß hoch, verbinden diesen Wintergarten mit dem Hauptraum und sind mit Schiebern versehen, die nachts geschlossen werden können, wenn der Wintergarten kein warmer Ort mehr ist.

Die Schlafplätze befinden sich im hinteren Bereich und erstrecken sich über die gesamte Länge des Gebäudes. Es gibt drei, vier Fuß über dem Erdgeschoss platziert. Diese Schlafplätze sind abnehmbar und werden in Rillen eingesetzt, die in die Holzklammern eingeschnitten sind, die sie halten. Unter den Schlafplätzen ist ein aufklappbares Klappbrett in Abschnitten aufgehängt.

Die Zahl der Nester beträgt vierzig in zwei Etagen und sie sind an der Vorderwand des Gebäudes unterhalb der Fenster befestigt. Sie sind oben abgedeckt, an der Seite offen und haben vor sich ein Trittbrett von einem Fuß Breite. Nester und Bretter werden von stabilen Holzklammern getragen, die etwa einen Meter voneinander entfernt sind. Nester und Sitzstangen sind über Kletterbretter an einem Ende des Raumes erreichbar. Die Tür befindet sich am gegenüberliegenden Ende des Gebäudes und ist 26 Zoll breit und 6 Fuß hoch. Bei Bedarf kann es breiter gemacht werden, da Platz vorhanden ist.

Querschnitt durch das Haus für 75 oder 100 Hühner mit dem verglasten Scharrstall an der Südfront

Die Pflege der Jungvögel wird durch eigens für sie gebaute Häuser erheblich erleichtert. Diese müssen weder groß noch aufwendig sein, und da sie für die milderen Jahreszeiten gedacht sind, erfordern sie keine großen Vorsichtsmaßnahmen gegen die Kälte.

Die Pflege der Jungvögel wird durch den Einsatz von kleinen,
transportierbaren Häusern erheblich erleichtert

Während die Kolonieställe mit schrägem Dach, die bewegt werden können, am besten für die Pflege großer Herden wachsenden Geflügels geeignet sind, kann die Nachkommenschaft der kleinen Familienherde bequem in einem langen, in Abteile unterteilten Stall mit separaten kleinen Ställen davor untergebracht werden jede Abteilung. Ein Stall dieser Art, 1,80 m lang, 70 cm breit und 70 cm hoch, bietet 75 jungen Küken vom Säuglingsalter bis zum großen Masthähnchenalter bequemen Unterschlupf. Der Boden sollte dicht und warm sein und der Stall auf Kufen oder Kufen montiert sein, damit er bei Bedarf bewegt werden kann. Die Oberseite dieses Stalls neigt sich sanft und lässt sich zur Inspektion und Reinigung wie ein Deckel anheben. Die Oberseite ist an der Rückseite angelenkt und mit Teerpapier abgedeckt.

Da sich junge Küken bei eingeschränkter Luftzufuhr zusammendrängen und ersticken, wird die gesamte Vorderseite des Hühnerstalls bis zu 20 cm über dem Boden im Frühjahr mit grobem Musselin oder Sackleinen und im Sommer mit einem verzinkten Drahtgeflecht abgedeckt.

Die Größe des für jedes dieser Gebäude erforderlichen Holzes ist ungefähr gleich: Holz für Fensterbänke, 5 × 6 Zoll; Querträger und Hauptstützen, 4 × 3 Zoll; Zwischenbalken, Stützen und Sparren, 2 × 4 Zoll; und für Wetterbretter und Dielen in jeder geeigneten Breite.

Es sollte gut abgelagertes Holz verwendet werden, das in seiner Art erstklassig sein sollte. Für den Holzstall kann Material zweiter Qualität verwendet werden, aber ein fehlerhafter Bau des Geflügelstalls kann zu größeren Verlusten durch zugige Böden oder Wände führen, als die Einsparungen bei den ersten Ausgaben rechtfertigen.

BÖDEN UND FUNDAMENTE

DER Boden des Geflügelstalls ist für die Gesundheit der Hühner genauso wichtig wie jeder andere Teil des Gebäudes. Ein kalter, zugiger Boden ist eine ständige Bedrohung, die katarrhalische Beschwerden hervorruft, und ein feuchter Boden, auf dem ständig ungesunde Feuchtigkeit verdunstet, ist ebenso ungünstig.

Der Boden des Gebäudes steht in engem Zusammenhang mit dem Fundament; Tatsächlich wird sein Charakter durch die Art der verwendeten Grundlage bestimmt. Aus dieser Beziehung haben sich drei unterschiedliche Bodenbelagsstile entwickelt: der Erd- oder Zementboden mit Ziegel- oder Steinfundament; der Bretterboden mit Fundament; und der Bretterboden ohne Fundament, wobei die Struktur auf Pfosten gestützt wird.

Jedes davon kann zum Erfolg führen, wenn seine besonderen Anforderungen erfüllt werden.

Der Bretterboden mit Fundament sorgt für einen warmen Boden, ist aber auf einem absolut dichten Fundament nicht haltbar, da es aufgrund der Feuchtigkeit des darunter liegenden Bodens leicht zu Fäulnis kommt. Um dies zu verhindern, sollten an beiden Enden des Fundaments Öffnungen gelassen werden – Öffnungen etwa in der Größe eines Ziegelsteinendes. In einem langen Gebäude sollten solche Öffnungen in Abständen von drei Metern vorhanden sein.

Solche Stellen sind jedoch eine Einladung für Ratten und sollten durch schwere, engmaschige verzinkte Drähte oder durch Eisengitter sicher geschützt werden.

Der Bodenbelag muss so dicht sein, dass keine Zugluft eindringen kann. Beim Bretterboden ohne Fundament ruht das Gebäude auf Pfosten, und einige Geflügelzüchter lassen den Raum darunter offen, damit die Luft darunter hindurchströmen kann. Andere entern die Windseite . Solche Gebäude sollten jedoch niemals rundherum mit Brettern vernagelt sein, da sich Ratten sonst darin eingraben oder durchnagen würden, was für große Probleme sorgen würde.

Um zu verhindern, dass Ratten in das Gebäude nagen, können Sie Zinn an den Rändern der Einlage auf einer Breite von etwa 15 cm auslegen, es unter die Innenwand ragen lassen und an die Außenwand stoßen.

Die Sicherung eines warmen Bodens erfolgt durch doppelte Verlegung mit einer luftdichten Einlage aus Dachpappe oder ähnlichem. (Für die untere Dielenschicht eignet sich Hemlocktanne gut.) Durch das Zementieren der Bodenoberfläche entsteht eine saubere, glatte Oberfläche.

Ein Erd- oder Zementboden ist kalt und feucht, wenn er tiefer oder sogar auf gleicher Höhe mit der Außenfläche des Bodens liegt. Es sollte mindestens 15 Zentimeter höher sein, und um es trocken zu machen, sollte eine mehrere Zentimeter dicke Steinschicht unter die 15 Zentimeter dicke Erde gelegt werden.

Alle Böden müssen häufig gereinigt werden, in allen Kratzräumen muss frische Einstreu ausgelegt werden und es muss darauf geachtet werden, dass Sonnenlicht hineinströmt.

Bei Verwendung eines Erdbodens muss täglich frische Erde oder Asche den abgeräumten Boden ersetzen.

Das Fundament des Geflügelstalls ist zwar nicht zweitrangig, aber zweitrangig, denn nachdem man sich für den Standort, die Bauweise und den besten Boden für seine Hühner unter diesen Bedingungen entschieden hat, kann man zu einer Schlussfolgerung kommen die Grundlage.

Ein Erdboden, der tiefer als die Außenoberfläche liegt, ist kalt und feucht

Der Bodenbelag muss absolut dicht sein, um Zugluft zu vermeiden

Die durchgehenden Fundamente aus Ziegeln, Beton oder Stein haben ein so stabiles Erscheinungsbild, dass sie allein schon optisch den Pfosten vorzuziehen sind. Bei der Verwendung von Ziegel- oder Betonpfosten ist die Wirkung jedoch nicht instabil.

Auf einer guten Baustelle bevorzuge ich das Ziegel- oder Betonfundament und möchte kein anderes haben. Unter solchen Bedingungen erfüllt es die Anforderungen an ein langlebiges Geflügelgebäude.

Das Fundament des Geflügelstalls muss je nach Klima vor Ort nicht tiefer als zwei bis zweieinhalb Fuß unter der Erdoberfläche liegen. Das Ziel besteht darin, es unter den Gefrierpunkt zu bringen. Sie muss hoch genug sein, um das Gebäude tatsächlich über die Erde und ihre Feuchtigkeit zu erheben. Wenn die Erde rund um das Fundament herumgespült wird, es nach und nach bedeckt und das Holz darüber teilweise vergräbt, ist es wahrscheinlich, dass die Wetterbretter rund um das Fundament verrotten.

Beauftragen Sie einen Mann, der sein Handwerk versteht, mit der Grundsteinlegung, sonst leidet Ihr Überbau.

DAS DACH

DAS Dach des Geflügelstalls ist für den durchschnittlichen Geflügelhalter ein Problem, das durch den Zustand seines Geldbeutels, das Klima und die Lage seiner Gebäude sowie durch persönliche Vorlieben gelöst wird.

Die Form des Daches kann vom Geschmack, der vorherrschenden Architektur usw. bestimmt werden, aber wenn das Wohlergehen der Vögel selbst durch einen bestimmten Stil gefährdet wird, müssen persönliche Vorlieben nachgeben und die Gesundheit der Vögel selbst die Wahl bestimmen.

Dächer, die mit geringstem Aufwand wasserdicht gemacht werden können, die nicht so weit überstehen, dass das Sonnenlicht nicht durch die Fenster eindringen kann, und die gut sichtbar sind, sind das Ziel des durchschnittlichen Bauherrn.

Allein unter dem Gesichtspunkt des Nutzens scheint das Pultdach am beliebtesten zu sein. Es bietet die nötige Wasserscheide und den nötigen Innenraum für die geringste Materialmenge.

Während die Höhe des Daches vom Boden von den anderen Abmessungen des Gebäudes beeinflusst werden sollte, kommen die Vögel mit einem Gebäude mit niedrigem Dach, das ordnungsgemäß gereinigt und belüftet wird, genauso gut zurecht wie mit einem Gebäude mit hohem Dach, allerdings mit dem Aufwand bei der Pflege Das niedrige Dach des Gebäudes muss berücksichtigt werden, und daher wünschen sich nur wenige von uns ein Dach, das niedriger als 1,80 m ist.

Nachdem man sich für die Form des Daches entschieden hat, geht es als nächstes um das Material.

Bei der Berechnung der Kosten müssen die möglichen Kosten berücksichtigt werden, die entstehen, wenn die Reparatur eines Dachs von Anfang an kostengünstig bleibt. Manche Dächer absorbieren die Sonnenstrahlen so stark, dass es im Gebäude zu warm wird. An bestimmten Standorten ist ein feuerfestes Dach aus gesetzlichen Gründen oder aus Gründen der Zweckmäßigkeit zwingend erforderlich.

Das Satteldach ist hinsichtlich Material und Arbeitsaufwand am wirtschaftlichsten, was bei der Unterbringung großer Herden von großer Bedeutung ist

Holz, Metall und Teerpapier- oder Filzdächer verfügen über besondere Eigenschaften, die sie an die individuellen Anforderungen anpassen. Die Dacheindeckungen aus Papier oder Filz gefallen vielen Menschen, da die Arbeit mit dem Anbringen des Materials auch von einem Laien erledigt werden kann. Diese Dächer werden auf Brettern aufgelegt und mit Nägeln befestigt, wobei die Verbindungen mit Zement wasserdicht gemacht werden. Biegsame Dächer sollten weit über die Dachkanten gestülpt und sicher befestigt werden. Beim Material wird auf eine Überlappung der Streifen geachtet und diese Überlappung muss eingehalten werden. Die Kosten für den für die Arbeiten erforderlichen Zement und die Nägel sind im Preis der Dacheindeckung pro Rolle enthalten. Es gibt mehrere gute geteerte Dächer auf dem Markt für einen Dollar und achtzig Cent oder einen Dollar und neunzig Cent pro Rolle von etwa hundert Quadratmetern. Beim Kauf ist es am besten, sich für solche mit feuerfester Oberfläche zu entscheiden. Eine zweischichtige Dacheindeckung aus Filz ist wirtschaftlicher als eine einschichtige, da sie ein wesentlich langlebigeres Dach ergibt. Nach drei bis vier Jahren ist ein neuer Anstrich erforderlich, und dieser muss zeitnah erfolgen, um das Dach zu erhalten. Der Preis für Filzdächer variiert und liegt zwischen zwei und zweieinhalb Dollar pro Quadratmeter.

Alle flexiblen Dacheindeckungen müssen auf eng anliegenden Brettern verlegt werden, da sie sonst in den Spalten zum Brechen neigen.

Dächer aus verzinktem Stahl und Eisen sind die langlebigsten von allen. Die beste Qualität von verzinktem Eisen kostet zwischen vier Dollar und fünfundzwanzig Cent und fünf Dollar pro Quadratmeter (100 Quadratfuß) und deckt damit die Verlegekosten. Da es jedoch absolut feuerfest ist, sind für Gebäude, in denen es verwendet wird, niedrigere Versicherungsprämien erhältlich .

Das verzinkte Dach ist im Sommer sehr warm, was in manchen Abschnitten einen Einwand darstellt. Teerpapier ist ebenfalls heiß.

Dächer aus Zedern- oder Weißkiefernschindeln überdauern die biegsamen Dächer und kosten am Ende wirklich weniger. Ein Geflügelzüchter, der Erfahrung mit Metall-, Filz-, Papier- und Schindeldächern hat, bevorzugt Letzteres und behauptet, dass es ihm bei geringsten Kosten am besten dient.

Wo gerade andere Gebäude errichtet wurden, kann es sein, dass noch hochwertigeres Dachmaterial übrig bleibt, das zur Abdeckung des Geflügelstalls dient. Dachziegel und Asbestschindeln eignen sich hervorragend als Dächer und sind sehr ansehnlich , aber ihre Verwendung erfordert eine andere Behandlung des Dachrahmens und einen erfahrenen Handwerker, um eine zufriedenstellende Arbeit zu leisten.

WÄNDE, FENSTER UND BELÜFTUNG

SORGEN SIE FÜR einen Zustrom frischer Luft ohne Zugluft und ohne zu große Abkühlung der Luft, und Sie haben das Problem der Belüftung gelöst. Um einen übermäßigen Temperaturabfall zu verhindern, muss neben der Frischluftzufuhr auch eine kontinuierliche Wärmezufuhr vorhanden sein, die in den Hühnern selbst vorhanden ist. Wir müssen planen, dies zu erhalten. Obwohl das mit Stoff überzogene Fenster – das heute so allgemein verwendet wird – die beste Lösung ist, um frische Luft mit dem geringsten Wärmeverlust hereinzulassen, geht damit eine perfekte Dichtheit der fensterlosen Seiten einher.

Was die Materialien betrifft, sind Holz, Ziegel, Zementblöcke oder Stein gleichermaßen zufriedenstellend, wenn ihre Anforderungen verstanden und den Bedingungen entsprechend eingesetzt werden. Manche Geflügelzüchter lehnen Ziegel oder Stein ab und behaupten, sie seien feucht, doch wir wissen, dass Stein keine Feuchtigkeit erzeugt. Da Mauerwerk natürlich ein besserer Wärmeleiter ist als Holz, kondensiert die bereits in der Luft befindliche Feuchtigkeit auf Stein, Beton usw., während sie auf Holz nicht sichtbar ist. Die feuchtigkeitshaltige Luft, die für das Geflügel kalt und ungesund ist, muss auf einen feuchten Boden, eine schlechte Belüftung oder einen ähnlichen Grund zurückzuführen sein. Die Tatsache, dass eine bestimmte Beton- oder Steinwand trocken ist, wäre ein Beweis dafür, dass die Bedingungen richtig waren, während die Holzwand nur bei extremer Feuchtigkeit Warnzeichen zeigen würde.

An Orten, an denen viel Stein vorhanden ist, kann das gesamte Gebäude aus Stein gebaut werden, um ausreichend Fensterraum zu schaffen.

Alle Gebäude, die an irgendeinem Teil ihrer Konstruktion verputzt oder zementiert sind, sollten gründlich trocknen, bevor die Herde einzieht.

Als wichtiges Hilfsmittel zur Temperaturgleichmäßigkeit im Winter ist der mit begrenzter Luft gefüllte Wandraum wichtig. Dafür sorgen in gewissem Umfang die Zementsteine und Hohlziegel. Eine Doppelbrettwand kann bei sorgfältiger Konstruktion zu diesem Ergebnis führen. Durch das Anbringen von Schalungspapier unter den Wetterbrettern und auch unter den Deckenbrettern ist eine sehr zufriedenstellende Wandgestaltung möglich.

Eine warme Wand entsteht durch die Kombination von Ziegeln und Brettern – mit Wetterbrettern außen, Ziegeln innen und Putz oder Deckenbrettern auf der Innenseite.

Eine einzelne Bretterwand kann als Winterquartier gemütlich gestaltet werden, indem die Außenseite mit Dachpappe abgedeckt und schwarz gestrichen wird. Im Sommer sind die schwarz gestrichenen Hühner- und Hühnerställe allerdings zu warm.

Die Innenwände des Hühnerstalls sollten glatt genug sein, um sauber zu bleiben. Eine gute Holzspachtelmasse in den Spalten verhindert, dass sich Läuse und Milben dort festsetzen. Wenn man jedoch beim Tünchen der Wände darauf achtet, den Kalk mit der Bürste in die Spalten einzuarbeiten, und diese Arbeit oft genug durchgeführt wird, sagen wir viermal im Jahr Jahr würden solche Schädlinge unter Kontrolle gehalten.

Machen Sie es zur Regel, dass sich die Fenster auf der hellen, sonnigen Seite des Gebäudes befinden, die nach Süden oder Südosten ausgerichtet ist, auf den anderen drei Seiten jedoch keine.

Fenster sollten wirklich so groß und positioniert sein, dass das Sonnenlicht tagsüber jeden Teil der Bodenfläche erreichen kann. Obwohl wir alle an den Nutzen des Sonnenlichts glauben, sind wir uns nicht immer darüber im Klaren, welche wichtige Rolle es bei der Pflege von Geflügel spielt. Wenn wir bedenken, dass in seiner Abwesenheit Ungeziefer und Krankheiten gedeihen und Abhilfemaßnahmen mehr oder weniger mühsam und teuer sind, werden wir in unseren Bauplänen jeden möglichen Zutritt von Sonnenlicht berücksichtigen.

Die Fenster sollten einen großen Teil der Vorderwandfläche einnehmen, mindestens ein Drittel davon, und gleichmäßig über den oberen Teil der Fläche verteilt sein. *Bewegliche* Fensterflügel oder Vorhangrahmen sind zwingend erforderlich.

Die Position der Lüftungsanlage hängt von der nächtlichen Position des Geflügels ab. Es ist eine seltsame Tatsache, dass Menschen, Tiere und Geflügel einen Luftstrom, der direkt auf die Vorderseite des Kopfes trifft, besser ertragen können als von hinten oder von den Seiten; Daher würde ich die Schlafplätze so platzieren, dass die Hühner zum Fenster zeigen und die frische Luft auf Höhe der Nasenlöcher bekommen, anstatt von oben oder unten. Dadurch sind sie gegen einen Temperaturabfall gewappnet. Wenn die Schlafplätze beispielsweise 60 cm über dem Boden liegen sollen, würde ich die Fenster etwa 50 cm über dem Boden anbringen, vorausgesetzt, das Dach ist entsprechend niedrig. Wenn die Schlafplätze drei bis vier Fuß über dem Boden liegen, sollte das Fenster 32 bis 44 Zoll über dem Boden usw. liegen. Ich halte es für sicher, die Fenster nicht höher als 20 bis 12 Zoll unter der Traufe zu haben. und sechs Zoll von den Seiten des Gebäudes entfernt.

Wenn sowohl Tauben als auch Hühner gehalten werden, können die Unterstände für beide wirtschaftlich kombiniert werden

Auch wenn einige Geflügelzüchter Glas weggeworfen haben, kann ich es nicht völlig ausschließen. An kalten Wintertagen hat es sicherlich seinen Nutzen, wenn die Wärme der Sonnenstrahlen ohne die kühle Winterluft gewünscht wird. Ich bin der Meinung, dass diese Glasfenster nachts abgedeckt werden sollten und dass der Stoffvorhang daher die sinnvollste Art der Nachtlüftung ist. Zur Abdeckung der Fensterrahmen können Sackleinen, Sackleinen oder grober Musselin verwendet werden. Sackleinen ist am substanziellsten. Zum Befestigen am Rahmen können Reißzwecken mit Blechscheiben unter dem Kopf (wie bei Dachnägeln) verwendet werden, oder ein dünner, leichter Holzstreifen kann das Sackleinen am Rahmen befestigen, durch den die Reißzwecken getrieben werden.

Wo immer Glas verwendet wird, ist ein gewisser Schutz des Geflügeldrahtes erforderlich, um ein Zerbrechen zu verhindern.

DIE TÜR DES GEFLÜGELHAUS

ES hilft dabei, das Haus von Staub zu befreien, wenn gelegentlich eine frische Brise durchweht, wenn die Vögel unterwegs sind. Aus diesem Grund sind Stirntüren von großem Vorteil, sie müssen jedoch zugfest sein.

Die Vorteile eines ansonsten gut gebauten Geflügelstalls können durch nachlässig gefertigte Türen, die nur lose in ihre Gehäuse passen, zunichte gemacht werden.

Türen, die auf der kalten oder exponierten Seite eines Gebäudes öffnen, erfordern mehr Vorkehrungen gegen Zugluft als solche auf der Sonnenseite. Die Tür sollte aus eng anliegenden Brettern bestehen und auf der Innenseite mit geteerter Dachpappe oder dünnen, schmalen Brettern abgedeckt sein.

Die folgenden Hinweise gelten für eine Tür, die praktisch zugfest ist: Für die Tür selbst verwenden Sie Nut- und Federbretter mit einer Dicke von 2,5 cm, die an der Ober- und Unterseite 15,2 cm durch 15,2 cm breite Querstücke verstärkt sind, und unterhalb des Riegels durch ein Rechteck aus demselben Holz. Darüber wird Ummantelungspapier geheftet und um die Querstücke gelegt. Die Innenseite ist mit schmalen Nut-Feder-Deckenbrettern versehen. (Diese können über oder zwischen den Dachlatten platziert werden.) Bei der Platzierung über den Dachlatten wird der offene Raum zwischen den beiden Brettflächen mit einer schmalen Holzleiste verschlossen.

Die Türverkleidung ist fünf Zoll dick, die Schwellerplatte sechs Zoll breit und an der Außenseite um einen Zoll tiefer geneigt als an der Innenseite. An den Seiten und am oberen Teil des Türrahmens sind zentimeterdicke Streifen aufgenagelt, die zusammen mit der Kante des Türrahmens, an der die Tür schließt, einen 5 cm breiten Rand bilden, der Luftströmungen effektiv ausschließt. Am unteren Rand der Tür befindet sich ein dicker Filzstreifen, der dort, wo er an der Tür befestigt ist, mit Leder verstärkt ist.

Nester und Schlafplätze

WENN wir mit der Inneneinrichtung des Geflügelstalls fertig sind, sind wir schon fast bereit für den Einzug der Herde und dürfen uns ein wenig über die Besonderheiten unserer gewählten Rasse informieren.

Was die Nester betrifft, benötigen schwerere Geflügelrassen einen leichteren Zugang als die leichteren Rassen. Die letztere Klasse scheint den Aufstieg zu ihren Nestern zu genießen, und es ist gut, sie zu begünstigen.

Die Nester können sich an den Seiten des Gebäudes, unter den Schlafplätzen und der Abstellwand oder an einem geeigneten Ort befinden, und es sollten so viele sein, wie Platz dafür ist. Nester, die verstreut liegen und einige besondere Merkmale aufweisen, scheinen für manche Vögel eine größere Anziehungskraft auszuüben. Nester in Dreierreihen oder in Dreierblöcken scheinen von den Hühnern leicht erkannt zu werden, wenn die verschiedenen Nestsätze unterschiedlich platziert sind, aber eine Reihe von einem halben Dutzend genau gleichen Nestern ist für die durchschnittliche Henne verwirrend.

Wenn der Platz knapp ist, sollten die Nester unter den Schlafplätzen stehen und durch ein hölzernes Fallbrett geschützt sein – glatt, um Ungezieferschutz zu gewährleisten, und abnehmbar, um hygienisch zu sein. Ein aufklappbares Brett dient der Verdunkelung des Nestes und kann gleichzeitig bei Bedarf mit einem Haken hochgehalten werden. Aus Gründen der Sauberkeit sollte das Nest aus Holz bestehen und mit etwas Ungezieferschutzmittel behandelt werden, das gut in alle Spalten gespült werden sollte. Wenn das Nest etwa 10 bis 12 cm über dem Boden liegt und einen porösen Boden hat, lässt es sich leichter trocken halten. Die Fächer sollten getrennt sein, um Interferenzen zwischen den Schichten zu vermeiden. Jedes davon sollte in der Regel 16 × 12 × 14 Zoll groß sein, obwohl ich jetzt Nester mit einer Länge von 13½ Zoll, einer Breite von 10½ Zoll und einer Höhe von 12 Zoll verwende. Zum Anheben zum Reinigen muss leichtes Material verwendet werden. Eine praktische Anordnung ist eine lange, schmale Box, die dem verfügbaren Platz entspricht und durch Trennwände in einzelne Nester unterteilt ist. Ein Drahtgeflecht eignet sich sehr gut als Boden für diese Art von Nest. Mir gefällt entweder das oder der Lattenboden, durch den Staub und abgenutztes Nistmaterial sickern und die Luft zirkulieren kann. Natürlich sollte ein solches Nest auf Konsolen gestützt oder aufgehängt werden, damit die Luft in seine Teile eindringen kann. Lebensmittelkästen können in gute Nester umgewandelt werden, indem man den Boden entfernt und glatte Latten mit einem Abstand von jeweils anderthalb Zoll dazwischen aneinander heftet. Wenn das Drahtgeflecht verwendet werden soll, kann Geflügeldraht mit Zollmaschen verwendet werden. Ein Anstrich sorgt für eine hygienischere Oberfläche, sollte dies jedoch nicht praktikabel sein, sollte das Holz möglichst glatt gehobelt und weiß getüncht werden.

Für die Nutzung der Nester ist es in der Regel günstig, die Nester zu verstecken. Wenn die Wohnung hell und sonnig ist, kann man sie mit einem Sichtschutz aus Brettern sichern oder den Nesteingang vom Licht abwenden. Ich verwende Vorhänge aus Sackleinen, die bei meinen Hühnern immer beliebter werden. Nester, die lange gemieden wurden, werden nun ständig genutzt, da sie dadurch abgedunkelt sind. Der Sack kann an einer Holzleiste aufgehängt werden, die vor den Nestern angebracht wird. Es wird staubig, aber wenn man zwei oder drei solcher Vorhänge hat, kann man die verschmutzten Vorhänge zum Reinigen im Freien bei Wind und Regen aufhängen.

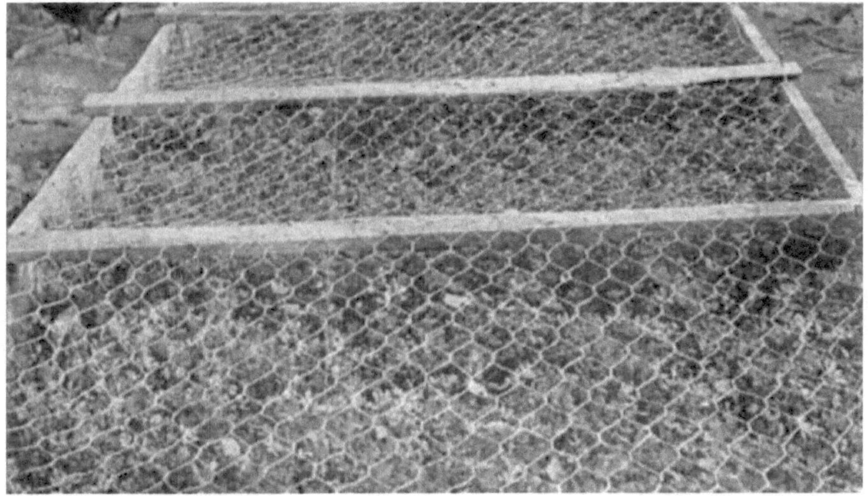

Luzerne im Auslauf unter einem Netz, durch das die Hühner pflücken können

Auch bei der kleinen Herde sollte das Fallennest genutzt werden – es hat keinen Sinn, Nichtproduzenten zu füttern

Das Fallennest ist für den kleinen Geflügelhalter ebenso nützlich wie für den Mann, der eine große Geflügelfabrik betreibt. Es ist so eingerichtet, dass jede Legehenne und ihr Produkt identifiziert werden können. Ein Fallennest kann aus einer Kiste geeigneter Größe improvisiert werden. Schneiden Sie Ein- und Ausgang auf gegenüberliegenden Seiten aus und hängen Sie jeweils eine Tür auf, so dass sie beim Druck des Vogelkopfes schwingt. Die Eingangstür schwingt nur nach innen – die Ausgangstür schwingt nach außen. Nach der Eiablage gelangt die Henne durch den Ausgang in ein kleines Gehege , aus dem sie nach der Leistungserfassung befreit wird.

Wenn beim Nestbau rationale Methoden zum Einsatz kommen, ist es kaum notwendig, Notgroschen zu verwenden, um die Schirmherrschaft der Vögel über die Nester sicherzustellen. Bei ihrer Verwendung sind jedoch matte Glasoberflächen den glatten Glasoberflächen vorzuziehen.

Hühner wünschen sich einen Schlafplatz, den sie mit den Zehen umgreifen können. Es sollte breit genug sein, um das Gewicht des Vogels auf dem Fußballen zu tragen, und dünn genug, damit sich die Zehen darunter bewegen können. Dieser Akt ist ein Reflex und gehört ebenso zu ihrem Schlaf, wie Kratzen zu ihren Wachaktivitäten gehört. Diese Fähigkeit, die Sitzstange zu umklammern, scheint Vögeln zu eigen zu sein, die sich unter kräftigen Bedingungen befinden. Kranke Vögel, die nicht schlafen können, haben selten genug Vitalität, um sich zu erholen.

Zufriedenstellend sind Schlafplätze mit einer Breite von zweieinhalb Zoll und einer Dicke von nicht mehr als einem Zoll und leicht abgerundeten Kanten, die die Krümmung der Zehen begünstigen. Sie können horizontal oder leicht geneigt, leiterartig angeordnet sein. Aus jungen Setzlingen geschnittene Lichtmasten eignen sich gut als Schlafplätze, wenn sie von der Rinde befreit und geschoren werden, um sie auf der Oberseite leicht abzuflachen. Horizontale Schlafplätze können in einem Abstand von etwa 30 cm und nicht mehr als drei parallel nebeneinander angeordnet werden, da sonst die Vögel, die auf der hinteren Sitzstange schlafen, nicht genügend Luft bekommen. Ich bevorzuge sie leicht geneigt, leiterartig, in einem Winkel von fast dreißig Grad, wobei die unterste Sitzstange nicht tiefer als einen Meter über dem Boden liegt und nicht mehr als drei Sitzstangen parallel zueinander liegen. Wenn der Stoffvorhang verwendet wird, profitieren alle von der frischen Luft, die durch den Stoffvorhang strömt.

DER LAUF

DIE Runs sind im Wesentlichen Teil des Wohnungsproblems. Vögel brauchen viel Auslauf, sind aber viel zu aufdringlich, als dass ihnen dort, wo es einen Garten, einen guten Rasen und Blumen gibt, völlige Freiheit gegeben werden könnte. Während Hühner in Gebäuden gehalten werden können und bei richtiger Pflege trotzdem gesund bleiben, kann der durchschnittliche Besitzer einer kleinen Herde die Vögel wirtschaftlicher halten, wenn er ihnen die natürlichen Vorteile der Bewegung im Freien bietet.

Der nützlichste Lauf ist der geteilte Laufstall, bei dem die einzelnen Abschnitte abwechselnd verwendet werden.

Für die aktiven Legehennenrassen sind drei Ausläufe mit einer Größe von etwa zehn mal vierzig Fuß empfehlenswert, die abwechselnd von der Herde von vierzig Hennen genutzt werden. Wenn zwei verwendet werden, sollten die Abmessungen größer sein, beispielsweise zehn mal sechzig.

Ein Gartengehege für große Vögel erfordert Geflügeldraht mit zwei Zoll großen Maschen und einer Breite von fünfeinhalb oder sechs Fuß, der von Pfosten getragen wird, die in einem Abstand von neun bis zehn Fuß angebracht sind. Der Draht wird mit Klammern im Abstand von etwa 10 cm an den Pfosten befestigt. Ein Holzstreifen oder ein anderer Abschluss entlang der Oberseite des Zauns ist ein Einwand. An der Unterkante des Drahtes ist ein Brett oder Streifen erforderlich, an dem er befestigt wird. Hierfür können Bretter mit einer Breite von 15 cm verwendet werden.

EINIGE HINWEISE ZUR PFLEGE

DER Geflügelstall ist, egal wie sorgfältig gebaut, kein geeigneter Ort für Geflügel, wenn er vernachlässigt wird. In den Ecken hängen Spinnweben, die Staub und Krankheitserreger enthalten. Vernachlässigte Sitzstangen werden von Milben befallen und stellen somit eine Gefahr für die Gesundheit des Geflügels dar. Rillen und Spalten in Wänden beherbergen Milben, Läuse und Krankheiten. Sackleinenvorhänge, die staubig werden, lassen keine reine Luft mehr durch, sonst leiten sie eine Staubwolke direkt zurück zu den Hühnern. Böden, die mit Schmutz bedeckt sind, werden feucht und kalt, abgesehen von der Gefahr einer Kontamination.

Durch Schmutz trübe Fensterscheiben lassen das Sonnenlicht nicht richtig durch.

Die ordnungsgemäße Pflege des Geflügelstalls bedeutet Arbeit, und der Ort erscheint hoffnungslos unschön, wenn die Aufgabe von Tag zu Tag vernachlässigt wird und die eigenen Unterlassungssünden in ihrer Gesamtheit sichtbar werden. Die ordnungsgemäße Durchführung solcher Arbeiten erfolgt täglich, wobei nur wenige Minuten ausreichen, um das Gebäude hygienisch zu halten.

Die Stroheinstreu sollte häufig gewechselt werden, etwa alle drei Tage: Der Boden wird gekehrt und frische Einstreu darauf ausgebreitet.

Der Kot sollte täglich entfernt werden. Etwas feiner, trockener Sand wirkt als Absorptionsmittel, wenn er über die gereinigte Oberfläche gestreut wird.

Wöchentlich sollten die Wände abgefegt werden, dabei auf Ecken, unter und hinter Nestern, Sitzstangen usw. achten. Zu diesem Zweck ist ein Splintbesen, wie er rund um Ställe verwendet wird, am nützlichsten.

Für eine gründliche Reinigung, nachdem alle losen Verschmutzungen weggefegt wurden, gibt es nichts Besseres als das Tünchen. Es macht den Raum heller, versüßt die Luft und ist allen Schädlingen eine „kalte Schulter". Ein Spritzer verdünnter Karbolsäure schützt vor Krankheiten. Sitzstangen lassen sich am besten reinigen, indem man sie mit etwas flüssigem Insektizid wäscht und sie dann in der Sonne trocknen lässt. Für eine gute Wäsche löst man einen halben Kuchen Waschseife in zehn Litern Wasser auf und gibt fünf Esslöffel Kerosinöl hinzu.